清华大学人居科学系列教材

建筑美术基础

素描

（第2版）

王青春 著

清华大学
出版社
北京

图书在版编目（CIP）数据

建筑美术基础素描 / 王青春著. — 2版. —北京 : 清华大学出版社, 2023.9
清华大学人居科学系列教材
ISBN 978-7-302-64114-8

Ⅰ.①建… Ⅱ.①王… Ⅲ.①建筑艺术－素描技法－高等学校－教材 Ⅳ.①TU204

中国国家版本馆CIP数据核字(2023)第131038号

责任编辑：刘一琳
装帧设计：陈国熙
责任校对：赵丽敏
责任印制：沈　露

出版发行：清华大学出版社
　　　网　　　址：http://www.tup.com.cn，http://www.wqbook.com
　　　地　　　址：北京清华大学学研大厦 A 座　　　　邮　　编：100084
　　　社 总 机：010-83470000　　　　　　　　　　邮　　购：010-62786544
　　　投稿与读者服务：010-62776969，c-service@tup.tsinghua.edu.cn
　　　质量反馈：010-62772015，zhiliang@tup.tsinghua.edu.cn
印 装 者：大厂回族自治县彩虹印刷有限公司
经　　销：全国新华书店
开　　本：210mm×285mm　　　印　　张：15.75　　　字　　数：333 千字
版　　次：2016年8月第1版　2023年9月第2版　　　印　　次：2023年9月第1次印刷
定　　价：58.00 元

产品编号：088192-01

前言

建筑美术，就目前建筑专业设置而言，全国共有200多所院校开设此课程。对于建筑学院的学生来说，由于中小学的课程设置与升学压力等因素的影响，大多数学生考入大学前是没有美术基础的，或仅限于初步了解，所以，美术课几乎成为了一场审美的启蒙。

20世纪伟大的建筑师、教育家格罗皮乌斯认为：绘画融入了人类最丰富的想象，涉及了对当代与未来的思考，人们可以从绘画中找到发展新建筑的动力。建筑美术中，素描是造型艺术的基础，其本身也是一种重要的绘画形式。所以素描课不仅仅是一门基础课或教授一些技法，也是引导学生发现美、表现美、创造美的过程。看看身边大部分成功的建筑师，你会发现他们不但具有超群的设计能力，同时也具有高超的绘画水平。

由于学生基础不同、类型不同，授课老师不同（有一些建筑学校多由美院或设计学院老师代课，有一定的局限性），以至于教与学都非常的多元化，当然，其中也不乏一些改革，虽百花齐放但万变不离其宗。绘画是先有"法"再无"法"，先掌握必要的概念程序，再摒弃这些，达到心随手动、出神入化、直抒胸臆的境界。

本人曾在专业美术院校进行过系统的学习，后在清华大学建筑学院从教多年，主要从事素描、色彩营造工艺等课程的实践教学工作，针对美术零基础的学生总结了一套行之有效的教学经验与方法。本教材所述各章节是清华大学建筑学院建筑美术基础素描室内课程的主要内容，同时也适用于建筑设计类初学者和广大初级美术爱好者阅读和参考。

我敢说：只要你分得清圆和方，判断得出大和小，看得出轻和重，踏踏实实坐下来认真按照我教的方法去做，就能画出一张形体准确、层次分明的好素描！

朋友们，我们开始吧！

王青春
2022年3月

目录

素描

A-1 素描的定义

"素"：《说文解字》中指白緻繒也，即未染色的白色原丝织成的丝品。这里指单一颜色。"描"：画、描画、描摹、重复地画。

"素描"：《辞海》中的解释是指单用线条描写、不加彩色的绘画。一般所讲的素描是由西方传来的，通常指用单色的线条描绘物像明暗体积的画，能够表达体积、空间、质感、层次和气氛，关系相对简单统一。它是各门造型艺术（绘画、雕塑）和设计艺术的基础，用于对形体、构图、空间、造型规律或结构的研究。素描是对造型能力、绘画技巧的培养和提高，是一种绘画训练过程，也是一门独立的艺术。素描是所有绘画造型的基础，是研究绘画艺术所必须经过的一个阶段。素描不仅可以描摹客观对象，还可以表达思想、概念、态度、感情。既可以是写实的，也可以是抽象形式；既可以是创作、设计的草图，也可以进行细节关系的局部研究。

广义上的素描泛指一切单色的绘画，单色水彩和单色油画可算作素描，中国传统的白描和水墨画也可以称为素描。

画素描的目的意在培养正确的观察方法；掌握局部细节与宏观整体的关系；提高审美能力，增强归纳与判断的能力；有利于提高绘画能力、绘画技巧，有利于快速直观地表达设计创意。

A-2　素描的分类

按塑造方法素描可分为结构素描和全因素素描两大类。

1. 结构素描

结构素描是指研究物体结构关系的透视关系，忽略光影、体积、质感等外在因素，以理解、剖析物体结构为目的，以线为主要造型手段，表现物体的结构与空间，训练三维想象力与造型掌控能力。

2. 全因素素描

全因素素描，又叫全因素光影素描，强调光影的变化，考虑光照下的所有因素（结构、明暗层次、光源、物体之间的反射及影响），突出光照效果。这种素描借助丰富的明暗色调来表现物体的体积、质感、量感、空间感等，既强调结构又强调光影，是结构上的光影，光影中的结构。

A-3 素描工具

1. 绘图笔

1.1 铅笔

铅笔是画素描最常用的工具，用铅笔画素描易控制，易改动，层次表现丰富，用橡皮或橡皮泥易擦拭清除，便于初学者掌握。缺点是铅笔的涂层叠加表面容易出现反光。

铅笔有很多型号，以中华牌为例，常见笔芯由硬到软排列为：6H、5H、4H、3H、2H、H、HB、B、2B、3B、4B、5B、6B、8B。H的系数越高代表铅笔越硬，描绘出的线条调子越轻；B的系数越高代表铅笔越软，描绘出的线条调子越重；HB界于它们之间。绘画者用一样的力度，不同型号的铅笔能画出不一样的深浅层次，便于初学者掌握表现不同色阶的方法。

一般常用2H、HB等硬度高的铅笔画亮部和高光，用B、2B等中硬度的铅笔画灰部，用4B、6B、8B等硬度低的铅笔画暗部，通常准备六七种就够了。一种型号的铅笔，绘者使用力度的不同也会有颜色深浅的变化，这主要依据绘者的经验。质感坚硬的物像用硬铅笔描绘，质感柔软的物象用软铅笔描绘。一般初学者稍加注意就能画到5个色阶，经过训练后有的能画更多的色阶，变化丰富微妙。

铅笔的削制：铅芯在1cm左右，木杆削到3cm左右，比较好用。

持铅笔的方法：拇指、食指、中指持铅笔，其余两指辅助，手心空出。

测量描绘对象的比例大小时持铅笔的方法是：手臂伸直，铅笔垂直于地面。

测量时还要注意以下两点：一要保持始终在一个位置观测物体，即保持一个视点；二要保证画板中心与视线的垂直。

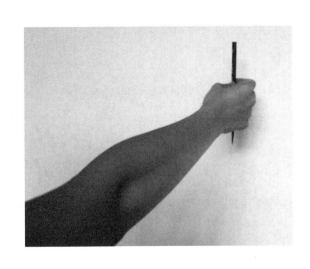

1.2 其他绘图笔

炭笔、木炭条、炭精条：使用这类工具描绘时色调很重，无反光，易掉色粉，不易改动，可用面包擦拭。还有一种水溶性的单色炭条，要水洗或干后擦拭。

钢笔、圆珠笔：无反光，不易画出丰富层次，不易改动，不能擦拭，可用白色颜料涂改。

单色水彩、单色油画：轻重自如，层次丰富，不能擦拭，可用白色颜料覆盖。

2. 其他工具

（1）橡皮：对铅笔痕迹擦拭得较干净，使用时避免过度用力把纸擦毛。

（2）橡皮泥：可塑且有弹性（注意不要买雕塑用的橡皮泥）。对于铅笔痕迹擦拭得不太干净，留有痕迹，这种特性可很好地应用在画面中。

（3）素描纸：一般有小肌理，既不要太粗也不要太光滑，稍厚，铅粉易于附着。

（4）画板(画夹)：常用的为平整椴木4开大小。

（5）削铅笔的小刀或美工刀。

（6）固定画纸的图钉或胶带。

（7）固定画面的定画液：防止掉铅粉，无刺激性气味的定画液最佳。

A-4 绘画透视

"透视"一词来源于拉丁文perspicere，即透而视之，指在平面上描绘物体空间关系的方法或技术。

最初研究透视是通过一块透明的平面去看景物，将所见景物的轮廓准确描画在这块透明平面上，即成该景物的透视图。这种在平面上用线条来显示物体的空间位置、轮廓和投影关系的方式在绘画上称为透视。

文艺复兴时期的著名画家达·芬奇曾对如何准确描绘对象做过叙述："取一块对开纸大小的玻璃板，将它稳定地树立在眼前，即在你的眼睛和你所要描绘的物体之间，然后站在使你的眼睛距玻璃三分之二'臂尺'（约76cm）的地方，用器具夹住头部使之动不得，闭上或遮住一只眼，用画笔在玻璃板上描下你透过玻璃板所见之物，再将它转描到纸上。"这个透明玻璃板就是透视画面，这个工具的利用正好研究透视、验证透视。画面在哪？画面没在画板上，而是在绘画者的眼睛与被画物体之间。画板上的画面是描

绘者眼睛看到的画面。

眼睛看物体有三个属性，即形状、色彩和体积，因距离远近的不同主要呈现为缩小、变色和模糊消失三种现象。这种现象是透视现象，达·芬奇把透视分为三种：大气透视、消逝透视和线透视。

（1）大气透视：即指色彩由于大气阻隔产生变化的透视。室外距离远的物体变蓝、变灰，如远山，

远处的村落、城市。

（2）消逝透视：物体明暗对比的变化，前面物体对比强，后面物体对比弱。物体距离越远，形象越模糊。

（3）线透视：画面中近处的物体看上去大，远处的物体看上去小；圆形变椭圆，方形变梯形或扁四边形等，也就是大家通常说的透视。

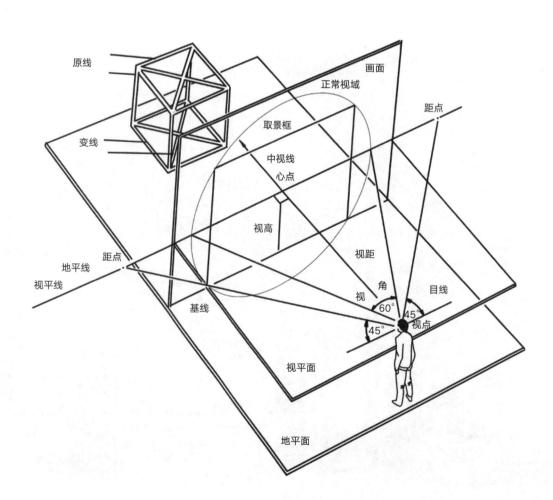

一般线透视又可分为一点透视、两点透视和三点透视。

1. 一点透视

一点透视，即正面透视，物体的一个面平行于画面，画面中只有一个灭点，也叫平行透视。如下图所示，从正面看三行立方体，原来平行于视平线的依然平行，原来垂直于视平线的依然垂直；只有与画面垂直的那组线发生了改变，也就是平行于视线的发生了改变，它们的延长线交于一点。

这种透视在静物素描中很少用到，多用于表现室内和有纵深的街景。

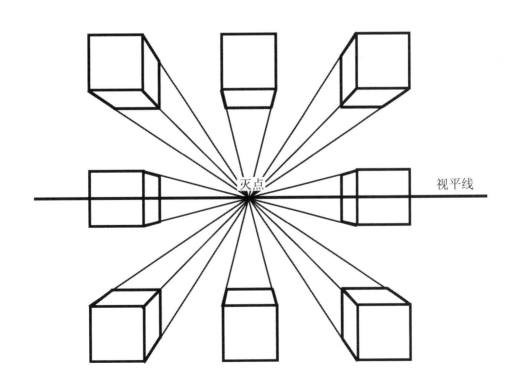

2. 两点透视

物体的两个立面均与画面成倾斜角度，故又称为成角透视或余角透视。画面中有两个灭点，垂直于地面的面或线依然垂直，没有灭点。如下图所示的三行立方体，我们不从正面看，平移一下，转了个角度，垂直于地面也就是垂直于视平线的边没变化，原来平行于视平线的边的延长线交于一点，同时原来垂直于画面的边的延长线交于另一点，这两点都在视平线上，位于心点的两边。

此透视多用于表现室内、室外及街景，这种透视直观、自然，接近人的实际视觉习惯，构图比一点透视活泼。两点透视是静物素描中常用的表现方式。

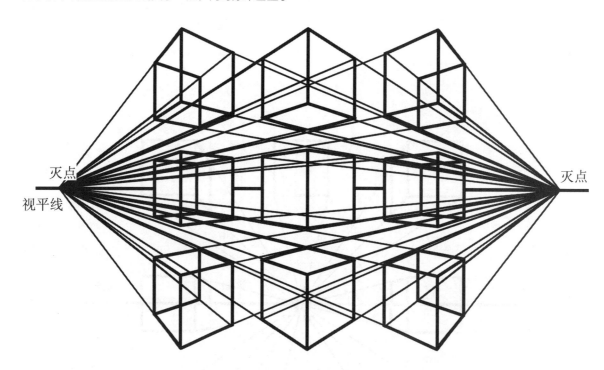

灭点

视平线

灭点

3. 三点透视

物体的各个面都与画面形成角度，出现三个灭点，也称斜角透视。

还以正方体为例，视角向上（下）移动，正方体的三组平行线都发生了变化。原来平行于视平线的一组平行线交于一点，原来垂直于地面的一组平行线交于一点，原来垂直于画面的一组平行线也交于一点，出现了三个灭点。

此透视多用于表现物像全景，如鸟瞰图（俯视图）；仰视图表现物像的宏伟高大。静物素描中也经常用到三点透视。

视平线

灭点　　　　　　　　　　　灭点

灭点

　　西方绘画中透视的特点：一个画面只有一个视点，只有一种透视规律。

　　中国绘画中透视的特点：有多个视点，多种透视规律，所谓移步换景、散点透视。

　　初学绘画者最容易犯的错误就是反透视，如把正方体的远边画得比近边大，就是因为用两只眼来观察，出现了两个视点而且视点不固定。这种视错觉画出来，就变成近小远大了。

　　绘画透视常用术语主要有如下几种：

　　视点：也叫目点，画者眼睛的位置，以一点表示。

　　目线：过目点平行于视平线的横线。

　　视线：目点引向被画物的任意一点的直线称为视线。其中，引向正前方的视线称为中视线。

　　画面：画者与被画物之间的透明平面，被画物与

目点连接的视线和该平面相交，被画物映现到该平面上，该平面称为画面。

　　心点：中视线与画面垂直相交的点。

　　视距：目点到画面心点的垂直距离。

　　视平面：目点、目线和中视线所在的平面称为视平面，可以是水平的也可以是倾斜的。

　　视平线：视平面与画面垂直相交的线称为视平线，过画面心点。

　　地平线：天地交界的水平线称为地平线。在画面上，平视的地平线与视平线重合。

　　原线：与画面平行的线。

　　变线：与画面不平行的线。

　　灭点：变线无限延长，在画面上聚拢消失于一点，这个点称为灭点。

A-5 构图

构图在中国画中称为画面的布局，也称为取景；在《画品》"谢赫六法"中称为经营位置，是造型艺术中至关重要的第一步，好的构图是成功的一半，能够直接获得艺术感染力，关系到作品的成败。罗丹有句名言："生活中不是没有美，而是缺少发现美的眼睛"。成功的构图主次分明、主题突出、充满节奏与旋律、赏心悦目。构图具有审美性，生活中的日常用品，自然界中的山石树木，一切事物在画家眼中都是美的；普通的角角落落，简单的瓶瓶罐罐，通过画家的手都可以变成生活之美。

构图的一般形式有以下几种。

（1）S形：优雅有变化；

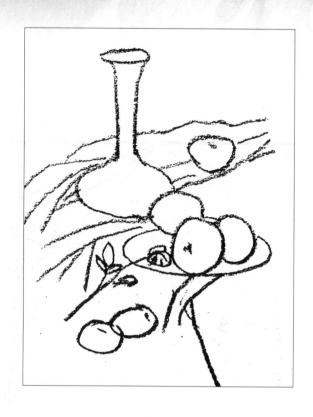

（2）三角形：正三角稳定，倒三角动感；

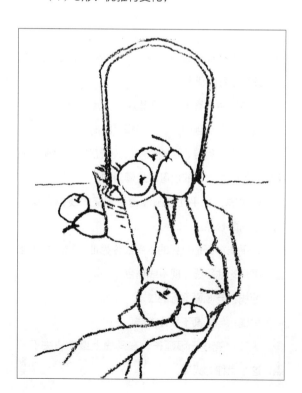

（3）C形、O形：饱和有张力；

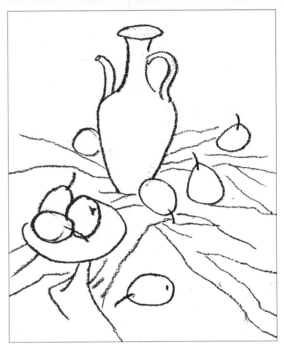

（5）井字形：把主体物安排在井字的交叉点上，成为视觉中心。

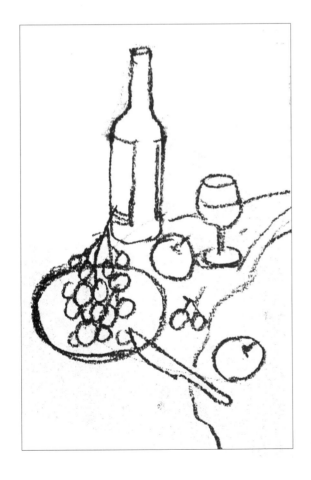

还有一些特殊的构图方式，如水平、垂直、对角线、十字架、中心等。采用这些方式能表达一些特殊的效果，如水平式具有安定感，垂直式严肃端庄。一般很少采用这些特殊的构图方式。另外，构图太大、太小、太偏都不足取，同时也应避免图中物体相互重叠、相切等。

（4）向心式：有纵深感，主体明确；

A-6　明暗

1. 上调子

什么是调子？调子原指音乐中的曲调。

在这里指物体受光照后反映到画面上不同明度的黑白层次，也就是空间中物体表面的深浅程度形成的韵律。

在学习素描时，掌握物体明暗变化的基本规律非常重要，物体明暗变化的规律可归纳为"三面五调"。三面，即受光形成亮面、顺光形成灰面、背光形成暗面，就是白、灰、黑三面。再复杂的物体都要先概括出三个面，下图中的六面体最能够体现上述概念。

五调，即高光、亮部、明暗交界线、暗部、反光。

（1）高光：物体上迎着光源的表面会形成最亮光斑，称为高光。

（2）亮部：物体上光照到的部分，称为亮部。

（3）明暗交界线：物体形体发生变化，发生转折，阻挡了光线。物体上某个部分既不受光源照射，又不受反光影响，因此形成了一条最暗的线，叫作明暗交界线。明暗交界线多为物体的转折。

（4）暗部：由于物体突出或转折阻挡了光线，光照不到的部分，称为暗部。一般来说，暗部色调微妙含蓄、富于变化。

（5）反光：邻近环境对该物体暗部形成的反射光。

2. 涂明暗

（1）排线法

点点成线（点的排列形成线），线线成面（线的排列组成面），面面成体（面与面的围合形成体）。

一组线要均匀，把握轻重轻的原则，即入笔要轻、收笔要轻，画的过程中稍重一点。这样便于每一组的衔接。第一层和第二层要形成一定的角度，但是要避免十字交叉。

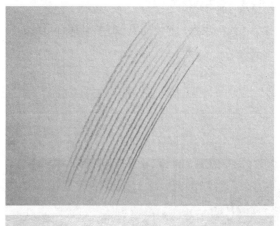

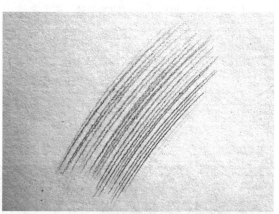

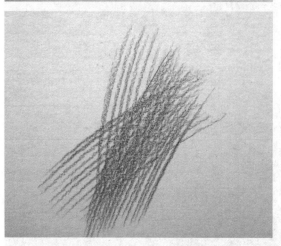

（2）擦拭法

用4B以上的软铅笔大致涂一遍暗部，用擦笔或纸团甚至手指擦出层次丰富的明暗，然后再加深或提亮刻画一下细部。这样表现效果速度较快，但是如果控制不好容易显得脏腻。

反复观察静物，定好由轻到重的次序，什么地方最暗、什么地方次之、什么地方再次之，哪里亮、哪里更亮、哪里要形成视觉中心，做到心中有数，就可以开始绘画了。其中一个依据就是根据距离光源的远近、迎光顺光还是背光反光来判断调子的轻重。客观上，如果你的眼睛实在看不出区别，那也不要紧，主观决定就好了，只要明暗调子不一样它的空间就不一样。

建筑美术基础素描（第2版）

B

素描进阶训练

B-1 石膏几何体

几何体是构成物体的基本形状，具有结构明确，颜色及质感单一，易于观察分析与表现等特点。关于几何体，现代绘画之父塞尚的名言是："要用圆柱体、球体、圆锥体来处理自然。"因为大部分建筑由各种各样的几何体组成，描绘好各种几何体组合也对建筑造型设计有直接帮助，在以后的建筑设计快图表现中也会直接受益。生活中很多复杂的形体也可以分解成若干个几何体，碰到复杂的形体只需分解组合、组合分解就可以了。画好几何体是至关重要的，以后画建筑以及复杂形体会轻松许多。

下面以图为例讲解几何体的绘画过程。

1. 起稿构图

摆好一组静物，不要着急马上画，先要对它进行观察，确定绘画视角。顺光，即你和光源处于同一位置，其特点是亮部过多，投影很小，它的体积是由周围向中间挤出来的，类似于浮雕，不利于塑造体积和空间，表现难度较大。逆光，正好和顺光相反，其特点是暗面多，表现难度大，但是处理好了别有一番光影魅力。初学者最好避开这两种构图角度。四分之三左右的角度，表现立体空间效果最好，对于初学者是合适的，易于表现的。但是也应尝试不同的角度来训练自己的表现力与塑造力，增强适应性。

接下来观察静物的组合形式，哪个角度看上去是比较美的，聚散均衡，错落有致，确定在画面中是横构图还是竖构图。在画面上勾画出上、下、左、右的位置。构图中静物过大则不全，过小则拘谨，过偏则不稳，居中则呆板，因此适中、完整、饱满即可（边距留有一两指宽的空白）。

2. 画轮廓找结构

在现实中物体的线是不存在的，我们看到的是体与面，迎着我们的是面，面侧过来就变成了线，也就是面发生转折时就产生了线；物体与物体，物体与背景的分界线叫做轮廓线（边缘线）。

当一个形体与另一个形体衔接时就产生了线，结构发生转折时也产生了线，这种线叫做结构线。

复线是多重的单线平行重复组合，是不准确、不确定的线。

我们用复线来概括地描绘几何体的轮廓形状、大小比例。绘画是靠眼睛来观察与感觉的，靠手眼的配合和大脑的判断来描绘物像，下笔不一定非常准确，所以用复线来画轮廓。用长的直线来找几何体的外形轮廓，用线应尽可能的长，画出几何体边缘的延长线，便于观察各个几何体之间的联系和几何体的特

征。这样，在绘画的过程中，物体就逐渐明确并确定在画面上了。

注意：描绘圆形时，不是把正圆画成椭圆就成功了，圆形是由方形切削而成的，那么圆的透视也包含于方形透视内，所以先画一个方形透视，再在这个方形透视里切削一个圆。

几何体轮廓确定后，再找出几何体的明暗交界线的位置、投影的位置和主要的结构转折。描绘明暗交界线，就是在找它的主要结构，因为是几何体凸起变化阻挡了光线的照射，形成了明暗的分界。明暗交界线依附于结构之上，结构准确，明暗交界线就准确，塑造物体就正确充分。几何体结构简单明确，一目了然。

画素描的过程可以说是一个反复比较纠正视差的过程。怎么比较呢？在画石膏几何体时，几何体的边缘轮廓可与视平线及垂直于地面的线来比较；画面中几何体的边缘轮廓线，可与垂直、水平的画纸边缘进行比较。这样，是否倾斜、是否平行、是否垂直等就基本确定了。有人说倾斜不好确定啊，生活常识中的45°、60°、30°，大家脑海中都有印象，以它们为参照，倾斜线就简单明确了，这样究竟倾斜了多少度就确定了。那么大小、长短、高低怎么确定呢？几何体的高度或宽度可与画面的二分之一、三分之一、四分之一这种参照量来比较；用几何体的高度比宽度是几分之几来比较，究竟有多大就出来了。

这样画出来，造型就很准确了。

可见素描画得好的同学基本分两类：一类是感觉好的，也就是天赋较高的；另一类是分析能力强的。

3. 上调子、涂明暗

先把暗部和投影涂上一层暗调子，这样区分出了亮部与暗部，如同黑白版画一样，把握好黑与白的布局。下一步，从明暗交界线开始，向暗部画起，先稳住暗部，即重的部分，注意暗部的过渡层次，由重到轻，注意反光，白色石膏几何体的反光比较亮。几何体的暗部变化比较规律、均匀、相对简单，注意虚

一点就行了。接下来描绘的是几何体的投影，投影也是由重到轻，投影边缘较实较重，越远越虚越淡，靠近物体也会虚，但会重一点，这样影子不会贴着几何体，有虚实轻重的变化就有了一定的空间变化。这点掌握不好就会画成一个黑片。随着几何体的结构转折变化，明暗交界线的轻重（明暗）也会发生变化。

稳住暗部和投影后，从明暗交界线开始向亮部画，描绘出亮部的灰色阶过渡，亮部的层次较暗部更为明确，这是实的部分。这个过程需要耐心地画上若干遍，每一遍都要把握画面的虚实关系，整体关系。例如，对于单个几何体来说，就是亮部实、暗部虚，影子近实远虚；对于整张画来说就是近实远虚，近强

远弱。在这个过程中逐步明确形体，塑造一些精彩的细节。

4. 质感表达

每种物体都有自己的质感，或粗糙或光滑，或坚硬或柔软等，体现在高光、明暗交界线、反光等处，具有不同的特点。在画的时候要注意这些特点，配合不同的笔触加以表现。

例如，柔软粗糙的物体无高光，明暗交界线过渡不明显，无反光，排线粗松。光滑物体有高光，明暗交界线、反光都明显，排线紧实细密。

石膏几何体是硬的、白色的、表面平滑的，所以在用笔时就要用硬铅笔，调子排线要细密紧凑，甚至亮部画完以后再用橡皮泥轻轻擦拭，留下轻微的调子痕迹。石膏几何体的明暗交界线明确，结构转折明显，暗部具有通透性，反光比较强烈，投影比较重。归纳为三点：明暗交界线重，投影重；每个面都有深浅变化；投影由强到弱。

衬布是软的、暗灰色的，所以在用笔时就要用软铅笔，过渡舒缓，对比弱，反光不明显。衬布主要的作用是衬托几何体，柔软衬托石膏的硬，色重衬托石膏的白。画衬布时必须把立面和平面区分开，就是其中一个亮一点而另一个暗一点。

5. 深入刻画与调整完善

在画的过程中要始终注意整体和局部的关系，要做到整体着眼局部入手。画面要有刻画的主体，形成画面的视觉中心，每一次的深入都是从视觉中心入手的。那么视觉中心在哪呢？一般在主体物上。或者从你最感兴趣的那个物体入手。如果还是确定不了，那就在画面上画个"井"字格，也就是传说中的九宫格，视觉中心最好定在交叉点附近。然后按1、2、3的次序扩散到整个画面。最强的视觉中心只有一个，然后再有两个比较弱的副中心形成由强至弱的节奏，这样就会有跳跃韵律感。但是，不要超过三个中心，多了就没

中心了，都是细节就没细节了，虚实相生就是这个道理。在任何时间停止，画面都具有完整性。当然了，你要胸有成竹，对画面最终效果有预想，过程不是重要的，最终完成的画面是重要的。深入描绘的过程是统一的过程，也是比较的过程，比较形体的比例，比较黑、白、灰的层次，定出1、2、3、4、5等层次。

初学者容易犯一个错误，就是画哪看哪，那就会看哪里都是实的。人眼就是一部调焦相机，视力不好的同学还配了眼镜，所以看哪哪清楚。这就是观察方法不对，我们要睁大眼看局部，眯起眼来看整体。睁眼就是仔细看，眯眼时由于睫毛的过滤细节的作用看的是大效果。看什么呢？看的是关系，看视觉中心，盯着

它看，用眼睛的余光感觉你要画的部位，还是不是有那么重要、有那么实、有那么清楚。还要学会视而不见，为了主体可以忽略一些不重要的东西。不要画某个局部就只看那个局部，到处都纤毫毕现，眼睛没有放松的余地。要看整个画面的布局，要虚实得当。

我们平时经常说要注意画面的虚实节奏，实以虚衬托，虚以实存在，虚实相生互相衬托。一般前面的物体明暗对比强，后面的物体明暗对比弱；前面的物体实，后面的物体虚。暗部不要死黑一片，或空洞无物，要有变化。一种明度就是表达一个空间的位置，所以区分明度的不同也就区分了空间的不同。虚而不空，虚中有物，要层次丰富，变化微妙。具体怎么画，对于初学者还是一头雾水。

解决的实际做法是：画出一个细致的线描小稿，具体步骤如下。

（1）分布要点

按照光照原则，标出1、2、3等层次，对应不同的铅笔明暗色标，解决黑白灰明暗调子问题。

（2）安排标注虚实分布

记住一些规律是必要的，下面以圆球为例进行讲解。亮部边缘的处理，由边缘的实开始，它由重到轻是向外扩散的。临近实的地方一定是虚的。沿着边缘延续向后转，到了明暗交界线的顶端，这个地方又应该是实一点的了，它的实是由外向圆球内部的，其由重到轻是向内延展的。接下来是暗部了，圆球的暗部边缘是虚的，它的表现是由衬布（或者是空间，或假设是个立面）外部的重渐次过渡到圆球的暗部边缘，这样这个空间就虚了。

接下来就到了影子的虚实，影子距离光源近的又实又重，远处淡。总体来说，影子的轮廓实而内部虚，靠近你的（前面的）又比后面的要实一些。

以上是轮廓线的虚实，明暗交界线距离你近的实，远的虚，具体表现就是离你近的地方画得重。

亮部的实，根据受光量的不同区分轻重，线条要排得紧密硬实。

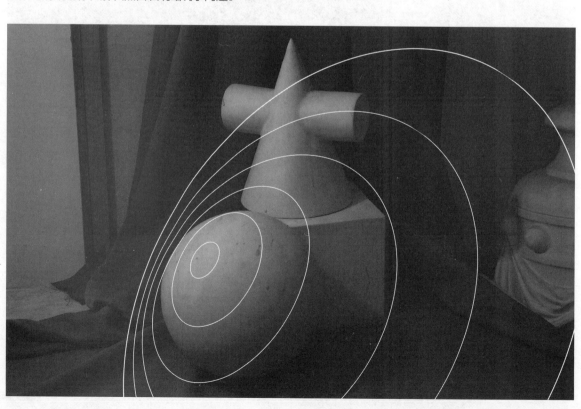

B-2 浮雕石膏花

　　浮雕石膏花比石膏几何体造型复杂，但是在空间上并不复杂，基本上是在二维基础上增加厚度"挤"出来的三维，浮雕是依附于平面之上介于绘画和雕塑之间的艺术表现形式，也是建筑装饰中常用的形式，也可以看作平面向立体的过渡。浮雕石膏花，圆盘上的浮雕呈现出中心对称的六个花瓣，简洁中富有变化，只是在造型上比组合石膏几何体复杂了，可以运用前面所学知识，把这个复杂的形体分解成若干几何体，这样有利于初学者认识和塑造。

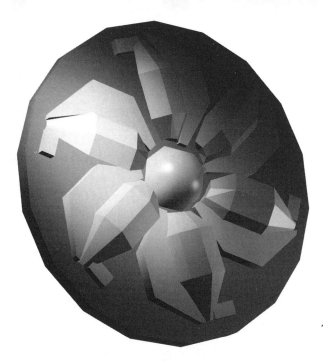

几何体结构分析

光源分析

1. 起稿构图

　　浮雕石膏花是一个圆形,采用横向构图、竖向构图皆可。以横向构图为例,主题物应在画面的偏上方,避免下坠感。运用前面讲的方法,在画面上用复线描画出浮雕石膏花上、下、左、右的位置。曲线要用直线概括出动态方向并切削组成,这样就画出了浮雕石膏花的轮廓。

2. 画轮廓找形体结构

　　先画一个方形的透视,连接对角线找出中心,由中心放射出六条线(原来角度相等的透视稍有变化)。把刚才的方形切削出一个圆的透视,射线上是六个花瓣的位置。一个花瓣的长度大约等于两个花蕊的直径,花瓣的宽度等于花瓣尖发生卷曲前的长度。每个花瓣的初始角度是60°。花蕊部分是由一个半球分了七份,由中心发射六条射线,再等分。

　　花蕊的结构,先找大的半球明暗交界线的位置,不要被别的小球干扰。抓大放小,对于琐碎画者要学会视而不见。然后描绘出投影位置,轻轻上一层调子，简单区分亮部与暗部。

　　一个花瓣的结构由两部分组成，一部分较缓，近似于平铺；另一部分隆起，像一个倒扣的橘子瓣儿，我们把它看作由两个方向相反、半露的锥体组成。找出明暗交界线和投影，轻轻上一层调子，简单区分亮部与暗部。

　　花瓣的每一部分又发生了四个变化：斜出、平生、下弯、侧卷曲。注意这些变化在物体上是相同的，但在画面上每一个变化都有透视上的和光影上的不同变化。

3. 上调子、涂明暗

处理复杂问题，应抽丝剥茧简单化。复杂的形体解决了，明暗调子就简单了。想象一下，你手里有足够的泥巴，把它糊起来，得到了半球形，那么它的明暗交界线就好确定了吧？这就是浮雕花的主要明暗交界线的位置，理论上最重的、最强的应该在这里出现。开始强调出这一部分，画出每一个亮部的灰色阶过渡和暗部的层次，这时候要注意反光的位置，白石膏之间的反光还是很强的。进一步明确形体的转折与起伏，并且适当地进行一些细节塑造。

4. 深入刻画和调整完善

在画的过程中要始终注意整体和局部的关系，整体着眼局部入手。前面说到，理论上最重的、最强的在主明暗交界线位置。画面中还要形成一个视觉中心和两个副中心。画面中最亮的是破损部分，形体复杂又离光源比较近，所以就比较突出，把破损部分作为第一个视觉中心；在这幅画里，花蕊部分是视觉射线的中心，又在主明暗交界线上，把它安排到第二个视觉中心刻画；第三个视觉中心安排到衬布的前面的布褶上。这样视觉中心就形成节奏了，围绕它们展开虚

实的布局。注意：记住一点，先确定实，然后实的旁边就是虚，这就是规律。暗部既要通透有变化，又要稳定不突兀。调整明度的排列次序，避免单调简单，保证强烈的黑白灰对比。

5. 衬布的画法

衬布比上一张要复杂一些，首先立面要暗，平面要亮，区分主要空间变化。立面上有主体物石膏花，背景不要太复杂，处理要简化，画出空间来就好。衬布的暗衬托石膏的亮，由石膏亮部向外推。石膏暗部的衬布

就不要那么重了，由外向里推，区分出投影就好。

前面的衬布要形成一个小视觉中心，要稍稍刻画。一眼看去乱糟糟的，不要怕，乱中有序，每条褶都有来龙去脉，有形状。一条条来分解，看看都有什么几何形状。一般有这几种：圆锥、圆柱、长方体。依据光源分别找它们的"三面""五调"和投影，受光照角度的影响，有的物体这些都有，有的却只有一部分。石膏是硬的、白色的。衬布选用了比较轻薄、柔软、稍光滑的布料，注意这些特征的变化，有时它的反光是很强的。衬布是次要表现的，用笔时要稍加注意，不要喧宾夺主。

建筑美术基础素描（第2版）

B-3　石膏柱头

　　这是一个欧式建筑构件，属于古希腊爱奥尼亚柱的柱头，给人一种轻松活泼、自由秀丽的感觉。整根柱子纤细秀美，具有优雅高贵的气质，广泛出现在古希腊的建筑中，如雅典卫城的胜利女神神庙和伊瑞克提翁神庙。这件柱头的几何基础非常明确，符合黄金分割比例，简洁中富有变化，能够培养初学者对古典美的认识与感受，提高对三维空间的塑造能力。

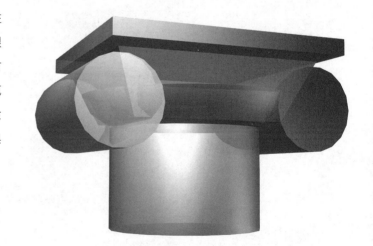

1. 起稿构图

　　观察石膏柱头的结构形态，确定横构图，一般选在四分之三侧面的角度，稍微仰视，符合看柱子的视觉习惯，有利于塑造体积和空间层次。可以概括成：一个直立的圆柱体，两边各横着一个圆柱体，中间一个倒置四棱锥体的下半部，上面盖着一个扁方体。在画面上用复线描画出石膏柱头大致的位置，注意各部分的比例。

2. 画轮廓找结构

用复线概括地画出石膏柱头的轮廓和几何结构，长、宽、高的比例。用尽可能长的直线找出各形体的形状与位置及它们之间的联系。柱头的二分之一高度是在下面圆柱的顶端，柱头的四分之一在三个U形上缘，上面的八分之一在螺旋的上缘，螺旋的高度等于三个螺旋上缘到顶端的距离。其中，圆柱的底边到U形上缘构成一个正方形；最宽处为螺旋的位置，差不多是三个螺旋加一个螺旋上缘到顶端的距离。垂花饰大概是一个斜置的顶角为120°的等腰三角形，垂花饰之间大约是一个螺旋的宽度。上边大概倾斜了15°，左侧倾斜了30°~40°。这些都要认真比较才能得出。难度比较大的是一组U形排列的曲线变化，既有上下的弧度也有左右的弧度，空间变化较为复杂。

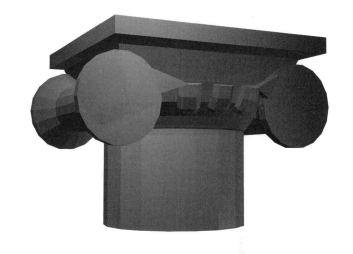

3. 上调子、涂明暗

　　归纳出柱头由哪些几何体组成，找出明暗交界线的位置和投影的位置，轻轻上一层调子区分亮部与暗部。

　　从明暗交界线开始先画暗部的层次，留意反光的位置，要由重到轻表现出暗部的通透性，稳住暗部以后再画亮部。但是，不要对暗部描绘过多，抢了亮部。

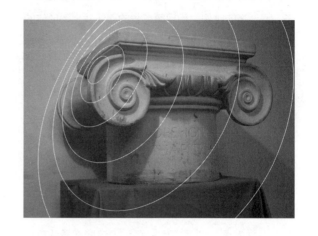

建筑美术基础素描（第2版）

4. 深入刻画和调整完善

在画的过程中要始终注意整体和局部的关系，把握整体。每一次的深入，都应从视觉中心入手，从最感兴趣的地方入手，然后扩散到整个画面。在图中，第一视觉中心应安排在离光源近的螺旋垂饰，第二个视觉中心应安排在右边的螺旋，第三个视觉中心应安排在柱身字体部位。要时刻注意画面的完整与统一。深入是刻画局部的过程，也是比较和统一的过程，比较黑白灰的层次，纠正视觉误差。注意光线慢慢洒下来，慢慢照过柱体，它的每一部分投影的虚实都应该明确。

对于后面的墙体，虽然是白色的，根据光源照射先后的原则，也要处理暗一些。注意塑造柱头与墙体之间的空间，要有手可以穿过去的感觉。暗调子在亮部由边缘向上向左扩散；右边从右下角开始暗调子向石膏体靠拢，越来越亮一些。要塑造螺旋悬空的感觉：转折重，投影边缘重，影子投在圆柱上的虚实变化很强烈，根据前面讲的虚实分布原则，它们之间的对比要轻一些，有形体的话也要弱一些，这样就有了空间感与通透性。

两个对称的涡形装饰要注意服从透视与一个光源的原则来处理明暗调子。

B-4 石膏宝瓶

这是一件具有古希腊风格的作品，是按照黄金分割比例造型的经典代表，有利于初学者对古典美的分析、认识与塑造，提高审美水平。

建筑美术基础素描（第2版）

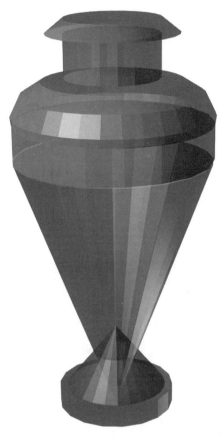

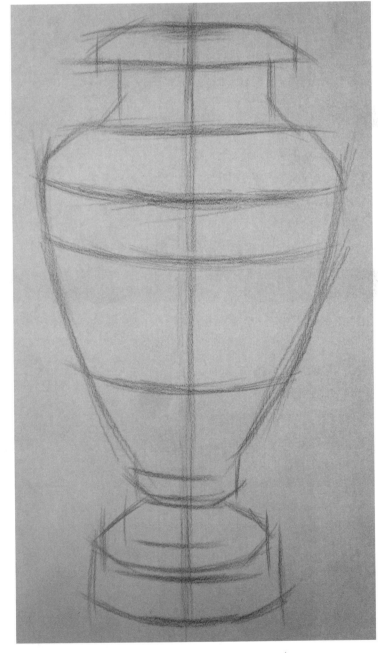

1. 起稿构图

　　观察石膏宝瓶的结构形态，选择竖构图，四分之三侧面的角度，稍稍俯视，看到物体的明暗层次丰富、形体结构明确。在纸上用复线描画出石膏宝瓶大致的位置。例如，4开画纸上面留一指，下面留两指左右的边距。结构差不多都是圆的水平透视。宝瓶的几何体构成：底座看成圆锥；瓶腹看作倒置的圆锥；瓶肩看作圆球切片；瓶颈看作圆柱；瓶口也看作圆球切片。

2. 画轮廓找结构

　　用复线概括地画出石膏宝瓶的轮廓和几何结构，长、宽、高的比例。先找出中线，它的二分之一在三角垂饰的下角，通过它和宝瓶的最宽处，上至宝瓶口的下缘，能构成一个正方形。

　　下半部分的二分之一在底座的上缘，底座的宽度是肩宽的三分之二。通过宝瓶肩头最宽处与底座中心进行连线，这样斜边就出来了，这个角度是小于60°的。由大到小继续找下去，用尽可能长的直线找出各形体的形状、位置及它们之间的联系，找出瓶口、瓶颈、瓶肩、瓶腹、瓶足，进一步找出装饰钉、装饰裙带及装饰线。这些都是依附于同一个中心轴的圆形上的，注意这些圆的透视，尤其是左右两边的转折。基本结构是一个倒置的大圆锥和一个正立的小圆锥。

建筑美术基础素描（第2版）

3. 上调子、涂明暗

开始把暗部和投影涂上一遍调子，区分亮部与暗部。

描绘圆锥、圆球、圆柱，经过前面的训练，应该很容易了。

稍微麻烦的是垂饰，归纳起来就是几个棱锥。然后，进一步分析，它模仿的是布艺，有几个布褶，分别由圆锥和圆柱组合而成。按光源的光照原则来统一效果。

从明暗交界线开始画出亮部的灰色阶过度和暗部的层次，这时候要注意反光的位置。逐步明确形体和一些相应的细节。

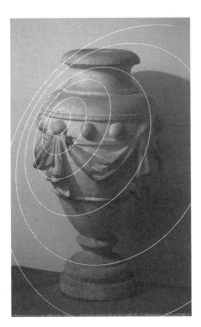

4. 深入刻画和调整完善

视觉中心安排在垂饰物地带就行了，然后描绘一下瓶口，再画一下底座就够了。注意虚旁边有实，实旁边有虚。要强调体积、强调主次关系、强调整体，使之具有节奏和韵律，突出古典美。最后调整光源，表现出光由左上角照下来，使画面有层进秩序感，塑造宝瓶的空间体量。

B-5 马塞曲

石膏像是艺术家对人物进行了艺术化地处理与提炼之后的艺术形象，素描石膏像是学画者学习写生创作人物肖像前的准备与练习。这座雕像是法国雕塑家吕德的浮雕作品《马塞曲》中的战士形象，雕于法国巴黎爱德华广场的凯旋门上，是一座歌颂法国大革命的史诗性作品，它那巍峨磅礴的气势震撼人心。雕像中间那个长着络腮胡子的壮年战士，表情强悍激昂，右手高举着从头上摘下来的钢盔，正转过头来向左侧的人群喊话，斗志昂扬，精神饱满，是典范之作。此雕像在塑造上有一定的难度，可供有一定素描基础的绘画者来研究雕塑人物的结构、情感与塑造，从而进一步提高绘画技巧与审美意识。

首先介绍有关头部结构的知识。

人的头部基本上是一个卵形，近似于竖着的椭圆形，后颅是一个横着和前半部分叠加的椭圆，脖子是圆柱。因为圆形是要由方形切削的，下面还是以方形来说明。先确定一个标准头像，然后用别的头部和他（她）对比，才会明确每个人的特征，才不会千人一面。

（1）"三庭五眼"：发际线（不是头顶）到眉心的距离，等于眉心到鼻底的距离，等于鼻底到下巴的距离。脸的宽度是五个眼睛的长度。眉心到鼻底的距离也是耳朵的高度。耳朵和下颌上角是同一条斜线。两只眼睛的距离和鼻底的宽度相等。眼睛直视向前，瞳孔间距等于嘴角距离。口缝在鼻底到下巴的三分之一处。颧骨下角和鼻底相平，颧骨高点和鼻梁中心水平。

（2）面部：额头可看做一个方体，鼻子是楔形体（长的梯形），颧骨是倒了角的方体，下颌是个扁楔形，把眼睛、嘴巴三个圆球嵌进去。

（3）骨头：头部有22块骨头，记住额骨、颞骨、颧骨、鼻骨、下颌骨的大概形状就可以了。

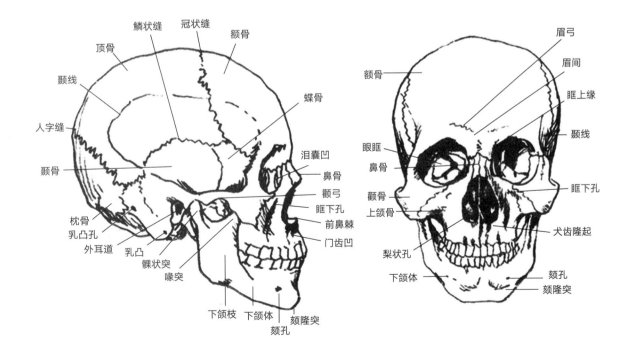

（4）肌肉：人的面部表情丰富，肌肉很多，要记住主要几块，即颞肌、皱眉肌、咬肌、口轮匝肌还有脖子上的胸锁乳突肌的大概形状。

建筑美术基础素描（第2版）

（5）五官结构：眼睛是球形，上眼皮高于下眼皮，黑眼球与眼白各占一半。

当这些知识储备起来后，就可以开始画《马塞曲》中的战士了。

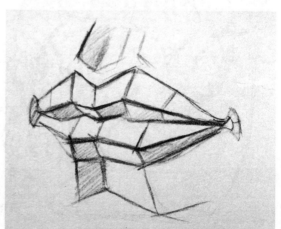

嘴由球与锥合成

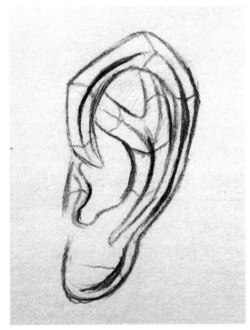

耳朵是螺旋扇形

鼻子由若干个梯形组成

1. 起稿构图

　　观察石膏像的动态，确定竖构图，挑选易于表现人物的精神气质和结构形体的角度，明暗层次要丰富，细节要动人。在画面上用复线描画出石膏像大致的位置与动态。概括出轮廓动态，长、宽、高的比例。用尽可能长的直线找出各形体的形状与位置及它们之间的穿插关系。先不考虑头发、胡子这些配件，要视而不见，把头部归纳成一个方体，把胸腔也归纳成一个方体，这样关系就明确了。

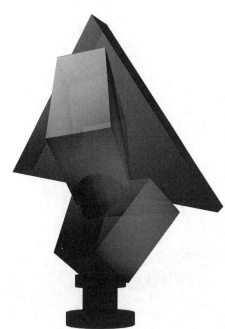

先找石膏像的垂直中线（底座中线穿过了胡子的左前角、外眼角、头发的最高处），再找视平线（在锁骨处水平线）。

石膏像的二分之一在胡子的下缘，上部的二分之一通过左鼻翼上缘。

找出颜面部的中线（穿过眉心、鼻底中心、人中的线），西方人鼻梁较高。以三庭五眼为基本参照，（眼睛比较大，脸比较窄）由于头部倾斜左侧眼睛高出右眼一个眼球的距离。画通过眼睛的直线，与过眉弓、鼻底、嘴角的直线平行。找出眉弓、鼻底、嘴缝、下巴。这些分布都有一定的弧度，依附于头颅。一定要注意它们的透视。

左侧眉弓上缘、右侧颧骨外轮廓、张开的下唇、右侧眼球外缘能围成一个正方形。右侧脸部投影到中线距离与外侧颧骨到中线距离相等，也等于胡子下缘到发际线的距离。从外侧颧骨轮廓引垂线到外侧头发的距离大概等于鼻底的宽度，鼻子的高度大概等于上部头发的高度。

　　胸部的倒梯形的斜边倾斜45°。胸部的倒梯形的下面左侧的角，大概是下部的二分之一，再往下的二分之一是底座的投影和中线的交点。这样就会找出基本位置来了，很准确，但不生动，怎么办？下一步就要根据第一眼看上去的感觉，适当调整，稍作夸张一点儿，做到心中有数，再加上描绘明暗调子营造画面气氛，一张好素描就呈现出来了。

2. 上调子、涂明暗

从明暗交界线开始把暗部和投影涂上一遍调子，区分亮部与暗部。原则
要从三大面出发，如颜面部分是亮面，侧脸是灰面，胡子下部是暗面。

3. 深入刻画和整体调整

　　石膏像最复杂的部分是胡子，初学者不好入手。应该像庖丁解牛一样，分解开来，一个个解决。实际上，雕塑家在雕刻石像时，是先砍出方形大面的，然后再在方形上该分的分，该找曲面的找曲面，逐步塑造细部。如果给胡子糊上泥，你会惊奇地发现就是个立方体！就这样，从方体出发先分出大面，然后分组，再分绺。到了绺就好解决了，不就是连接在一起转来转去的一个个小圆柱么，到端头有的变成圆锥有的变成圆球，所有问题迎刃而解。

　　人物的视觉中心就是五官，头发胡子属于烘托气氛的配饰，相当于衬布。石膏像的五官只是形状和体积，质感都是统一的，不像真人那么复杂。但是只要有五官就会传达感情，表达情绪。初学者往往会画出千奇百怪的表情。因为嘴角、眼睛、眉毛稍微有一点的位移就会产生一种表情。记住用一只眼睛观察，脑海中要浮现一个网格坐标，一一对应，多多比较，"比较比较，造型需要"，这样造型就会非常准确。遵照两个原则，那就是几何体原则和光照原则，这两个原则就是素描的指路明灯。比较黑白灰的层次，比较形体的比例，有主有次，使之具有节奏和韵律，对一些细节敢于取舍，敢于视而不见。

B-6　静物素描

　　不同质感、不同颜色、不同体积的物体摆放在一起，关系复杂。画好静物素描，为下一步室外风景写生做准备。

　　静物素描能够提高绘画者对画面的掌控能力，协调归纳各种关系，提高分析、认识与塑造空间的能力和绘画技巧。

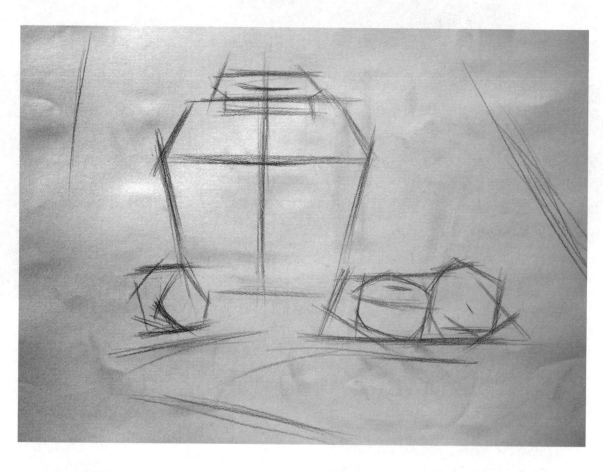

建筑美术基础素描（第2版）

1. 罐子与苹果

（1）起稿构图

观察静物的组合，由简入繁，对画面效果要有一个总体构想，画成什么样，脑海中要有一幅现成的图画。在画面上用复线描画出静物组合大致的位置，概括地画出各个物体的轮廓比例。两块衬布，"金字塔"三角形构图，简洁稳定。应勾勒出衬布的主要布褶的走向。注意每个物体的基本几何结构，用块面概括出来，罐子和苹果的基本形是一致的，是球切面与锥切面的组合，白盘是圆球切面。衬布的布褶是一个圆柱体与圆锥体各种方向的组合，要找出它们的亮部、暗部、明暗交界线和投影。

（2）上调子、涂明暗

首先把暗部和投影涂上一遍调子，区分亮部与暗部。然后把后面的物体轻轻地涂上一层调子，区分前后关系。最亮的是白盘、白布、梨、苹果、棕色布、深褐色罐子。

建筑美术基础素描（第2版）

（3）深入刻画和调整完善

在画的过程中要始终注意整体和局部的关系，整体着眼局部入手。视觉中心1、2分别是罐口、苹果。从视觉中心入手，塑造出不同物体的不同质感。罐子的精华在罐口和高光，要在这上面花费一些时间和精力，罐口要透气结实。一个椭圆形的口，卡住三点实，放松三点虚，空间就出来了。罐子上的花纹，开始画的时候不要太在意，要视而不见，把精力放在塑造体积与空间上。最后，用橡皮泥擦拭调整一下背景白衬布的亮度。

2. 静物组合

（1）起稿构图

观察静物的组合，确定构图，确定视角。对画面效果要有一个总体预想，主光先照到白罐上，其次是白盘和立着的坛子，最后是躺着的壶。用复线描画出静物组合大致的位置，可适当主观调整个别不协调的物体。

建
筑
美
术
基
础
素
描
（
第
2
版
）

（2）画轮廓找结构

　　用复线概括地画出各个物体的轮廓比例。确定
C字形构图，概括画出静物大小、位置和衬布主要布
褶走向。注意每个物体的基本几何结构，分析每个物
体的基本结构到底是方体、球形、锥体还是柱体。高
白罐是圆柱体+部分圆球+部分倒置圆锥；坛子和壶
基本也是圆球体；柿子是扁立方体；白盘是圆球切

片。衬布也是有结构的，每个隆起的布褶都是一个圆
柱体、圆锥体，也都有亮部、暗部、明暗交界线和投
影。用尽可能长的直线找出各形体的形状与位置及它
们之间的联系。这个阶段要抓大放小，先主后次，反
复对比，找出各自的明暗交界线的位置、投影的位置
和主要的结构。

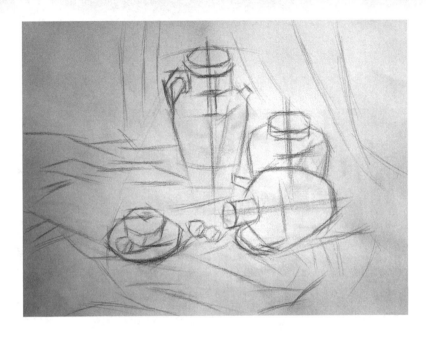

（3）上调子、涂明暗

首先把暗部和投影涂上一遍调子，区分亮部与暗部。然后把后面的物体轻轻地涂上一层调子，区分前后关系。最亮的是白盘，然后依次是白罐、金橘、柿子、坛子、壶、衬布。

建筑美术基础素描（第2版）

（4）深入刻画和调整完善

在画的过程中要始终注意整体和局部的关系，整体着眼局部入手。视觉中心1、2、3分别是柿子、绿罐口、白罐口。从最感兴趣的入手，然后扩散到整个画面。应塑造出不同物体的不同质感，如釉面瓷器的光、亮、硬，果子的饱满鲜活，衬布的柔软光亮等。罐子的精华在罐口和高光，罐口要透气结实。一个椭

圆形的口，卡住三点实，放松三点虚，形成虚虚实实的节奏，空间就出来了。深入的过程也是比较的过程，比较黑白灰的层次与秩序，比较形体的比例，比较质感的差别，比较色泽的轻重等。

在这里我做了一下调整，把光线有意营造在视觉中心的位置，突出了时光流逝的感觉。

建筑美术基础素描（第2版）

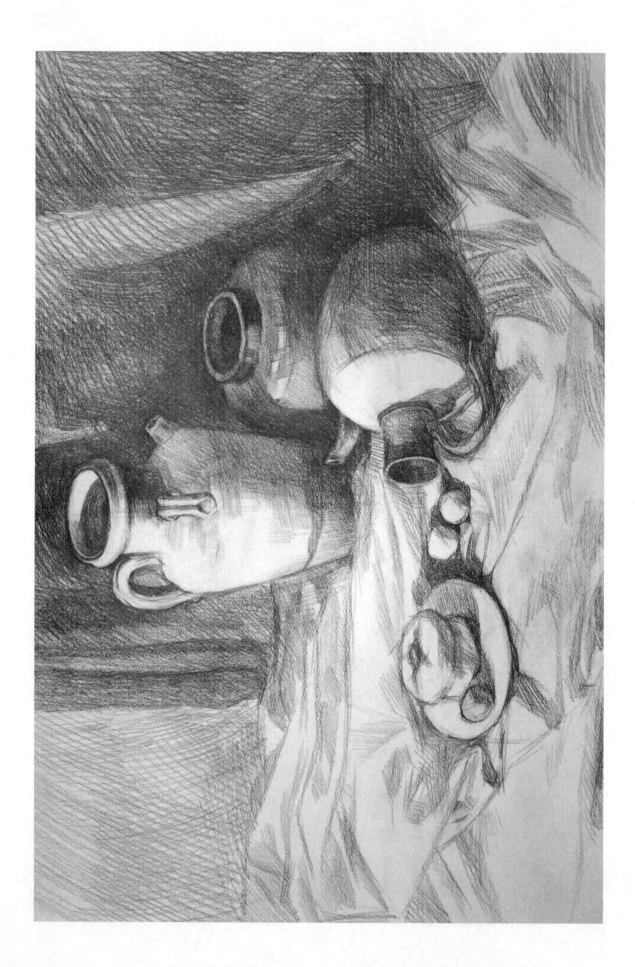

B-7　鉴赏：
清华建筑学院本科生课程作业

王美晨

建
筑
美
术
基
础
素
描
（
第
2
版
）

杨小芙

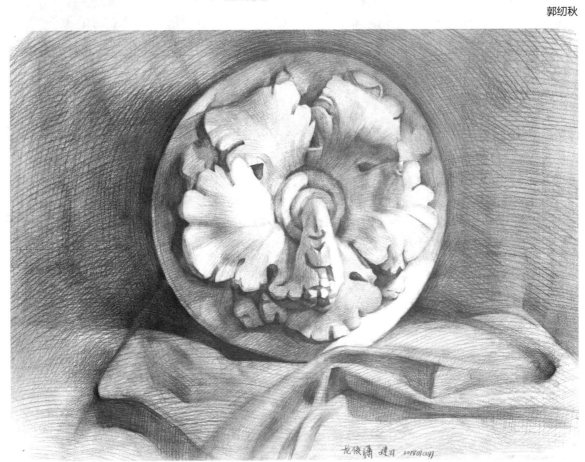

建筑美术基础素描（第2版）

张钰淳

夏雨珂

崔朝阳

郑惠元

建61班
闫佳慧
2016010009

闫佳慧

2016010086
建64 崔朝阳

崔朝阳

杨瀚坤

陶伟杰

刘淳尹

王纪超

建筑美术基础素描（第2版）

风景素描

风景素描一般指单色的室外风景写生，用明暗手法描绘室外景物空间关系和虚实关系。

工具要求：一般用铅笔或炭笔，铅笔备2支，一支尖细，便于刻画；一支磨成马蹄状，便于快速塑造空间层次。纸张要求比室内静物素描更细腻一些，打印纸即可。

风景素描有如下要点。

（1）有选择地组织画面构图。破坏画面的物体要视而不见，或移动位置使画面更美。

（2）三段式层次明显，近景、中景、远景相互映衬，形成节奏韵律。

（3）把握室外景物近大远小的透视关系，塑造空间层次。

（4）注意光影明暗变化，把握近实远虚、近强远弱的明暗关系，塑造形体。近则清晰明确，远则轻描淡写。超强光与弱光下都会影响视觉观察，在这类光线下的物体都不容易看清，可以处理成虚的影像。

整个画面中，虚实形成节奏，疏密形成韵律，黑白灰形成调子，具备这些就是一副优美的风景素描。

设计师画素描，更需要提炼概括。但是细节还要一定的保留。在风景素描绘画训练中，还要学到正确的观察方法、构图原理及形式美的造型规律。同时，还要强调笔触的运用，学会用笔触线条来表达情感，营造画面气氛。

线条一般用于画轮廓，有轻重缓急。排线是用来构成色调的，成排的，有方向性，有轻有重。轻的线是不肯定的线，也用于表现亮度。重的线是肯定的，表现暗部。

排线的疏密，用笔力度的轻重，表现出来是不一样的。一般室外由于地面反光的缘故，物体上重下轻。轻和重用于表达空间的远和近。远的物体我们会看的模糊就是虚，近的物体我们会看得很清楚就是实。所以我们一般画远处的物体，都要画的轻淡、缥缈，这样就感觉到它在很远的地方。

树、石、车、人等，这些都是风景画常用的配景。接下来要逐一示范。

C-1 圆树

（1）首先看树的形态，树的姿态比较复杂，最能体现自然生长的特点。我们不要被一些琐碎的细节所迷惑。向着阳光生长的树冠基本上都是圆球形的，圆球形是它的基本形态。

建筑美术基础素描（第2版）

（2）先画圆的基本形，再看它由几部分组成，然后画能看到的树枝、树干，注意会有部分遮挡，树分四岐，有穿插关系，有深浅变化，有远近空间。近处的树枝要重一些，远处的树枝要轻一些。按照树的生长规律，下粗上细，离树干近的粗一些，树梢要细很多。

（3）为了避免把画面蹭脏，一般从左上角开始逐步创作，由局部开始，但画局部时一定要照顾全局。

建筑美术基础素描（第2版）

（4）描绘树枝间的穿插关系、深浅变化及远近
空间。每一团枝叶前实后虚，存在亮暗衬托关系。

（5）完成全球状树冠的完整形态，并作大关系
调整，前面的体积感强，后面的体积感要弱一些。树
梢的灵动，需要靠笔触的轻重和方向性来表现。

建筑美术基础素描（第2版）

C-2 塔松

（1）塔松是三角形，锥体造型。

建筑美术基础素描（第2版）

（2）先画一个三角形，再观察树冠分几层，比例如何。

（3）一般从树梢开始逐步地、一层层向下推进，脑海中要有全局观。

（4）塑造好锥体形态，调整好自然随机的形态。

C-3 松树

（1）首先观察松树的姿态，总体是圆形，只是
周围伸出了一两个长枝。

（2）概括地画出树冠的各部分，要观察树冠分

了几层，比例如何，主要的枝干是哪些。

（3）一般从树梢开始逐步地、一层层向下推
进，脑海中要有整棵树的概念。

（4）调整整体关系，黑白灰的比重。

C-4 枯树

（1）确定这棵树的大致形态，整体是个椭圆形。

建筑美术基础素描（第2版）

（2）添加主要枝干。

（3）从左至右，从下至上，从主要到次要深化。

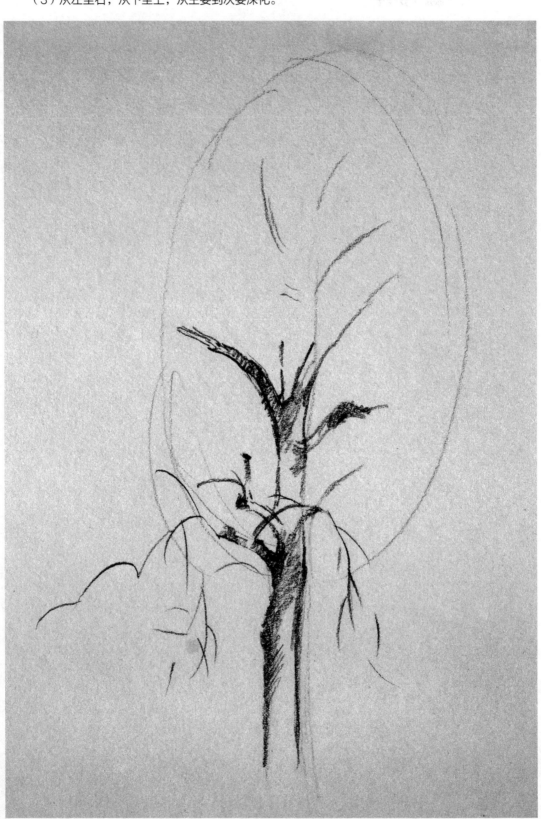

建筑美术基础素描（第2版）

（4）树分四岐，在冬天的枝条上就更明显，用轻重来表现前后关系。画树忌：鸡爪（从一个节出三个叉）、鱼刺（枝条没有前后关系，只有左右关系）。

（5）添加一些细节，调整主次关系、前后关
系、整体与局部的关系。

建筑美术基础素描（第2版）

C-5 垂柳

（1）垂柳摇曳多姿，枝条洗练下垂，如美人长发。

也是画大的形态。

（2）添加主要的枝干，注意树枝的断与连、轻重的关系。

（3）从左上部画起，注意整体的轻重关系，它
处在边缘处在从属地位，不能细致刻画。

（4）逐渐添加一些细节，把握主次关系、前后
关系，注意掩映，和每一簇的体积关系及垂柳的特
征形态。

C-6 灌木

（1）灌木的形态，也可看作大小不等的几个椭圆。

（2）根据灌木的基本形态塑造体积，不要太在
意具体是什么品种，以及叶子的具体形态。

（3）抓大放小，塑造好空间体积，笔触的变化。

（4）添加细节，稍作调整，每一种灌木大的特
征稍作区别即可。

C-7 块石

建筑美术基础素描（第2版）

（1）起形，基本是几个方块。

（2）添加大的特征，如转折、裂缝之类的。

（3）可以从主要形体入手，塑造好空间体积，
注意笔触的变化与石头的肌理特征吻合。

建筑美术基础素描（第2版）

（4）从右向左推进，添加一些细节。

（5）从左向右边深化，完成，注意保留笔触。

C-8 护岸石

（1）护岸石，都是不规则的石头，堆叠在水边，作为景观模仿自然山水。

建筑美术基础素描（第2版）

（2）从左上角画起，注意笔触的变化与石头的
肌理特征吻合。

（3）塑造好空间体积，注意虚实关系。

（4）整体调整大关系、补充细节。

建筑美术基础素描（第2版）

C-9　太湖石

（1）太湖石，以"皱、漏、瘦、透"为美，是中华赏石文化的一个重要组成部分，也是中国传统园林中建园、造景、美化环境不可或缺的材料，有着悠久的历史。以象形意向为美，此石位于清华大学建筑馆西南角，可看作三角形与方形的组合。

建筑美术基础素描（第2版）

（2）掌握大形与正确比例后，添加细节。

（3）由上到下，逐一塑造，用笔触肌理表现形态特征、空间体积。

建筑美术基础素描（第2版）

（4）调整大关系、虚实的节奏。

C-10 湖水

建筑美术基础素描 （第2版）

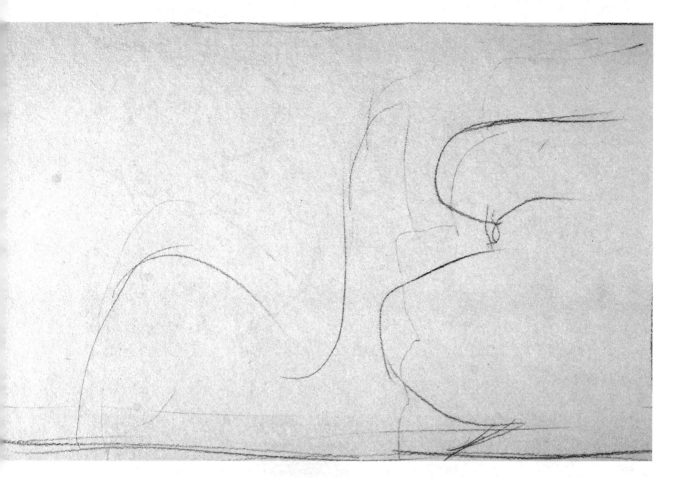

（1）上善若水，水利万物而不争。仁者乐山，智者乐水。水无常形。可见水不好画，水是无色无味的液体，它会随着周围的环境发生色彩的变化。所以画水的重点是画周围景物的倒影，把倒影的几何形状归纳好。

（2）添加水波。

建筑美术基础素描（第2版）

（3）笔触随水波走势画。

（4）深入画垂柳的倒影，水波的荡漾。

（5）塑造一些涟漪，水面上有明暗变化。

C-11　叠水

建筑美术基础素描（第2版）

（1）呈台阶状的流水称为叠水，台阶有高有低，层次有多有少，构筑物有规则式、自然式及其他形式，故产生形状不同、水量不同、水声各异、丰富多彩的叠水。"有山皆是园，无水不成景"，叠水给人以回归自然的享受。先画石与水的几何形状。

（2）丰富细节特征。

建筑美术基础素描（第2版）

（3）先塑造石头。

（4）水要注意留白，轻画调子，表现水流与飞溅。

建筑美术基础素描（第2版）

（5）根据画面节奏，调整细节与整体的关系。

C-12 轿车头部

（1）车，几何特征很明显，是几个方形的组合。

（2）丰富细节。

（3）塑造明暗面，以及玻璃的质感。

　　（4）亮部实，结构转折（明暗交界线）实，把握虚实节奏，调整细节与整体的关系。

C-13 轿车侧面

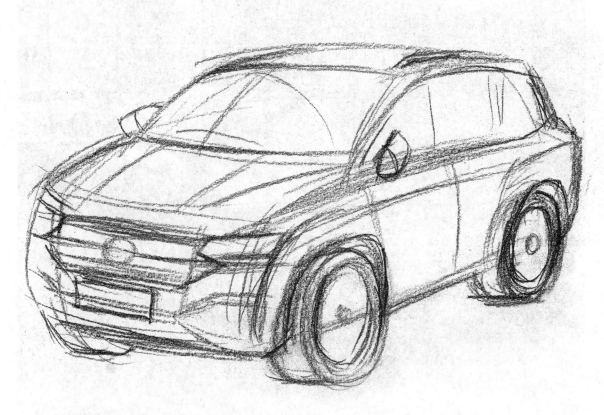

（1）侧面的形态相对复杂，体积感强。

（2）从车的左侧画起。

（3）先塑造体积感，挡风玻璃上树的倒影比较
出彩。

（4）把握虚实节奏，调整细节与整体的关系。

C-14　越野车尾部

建筑美术基础素描（第2版）

（1）从后面看越野车，就是几何体的堆砌。

建筑美术基础素描（第2版）

（2）经典的造型，具有经典的美，大小比例恰当。

（3）塑造明暗面和光感。

（4）进一步深入描绘细节。

（5）亮部实，结构转折（明暗交界线）实，暗部投影虚，把握虚实节奏，调整细节与整体的关系。

C-15 公交车

建筑美术基础素描（第2版）

（1）大公交车，就是个方盒子。

建筑美术基础素描（第2版）

（2）补充细节。

（3）塑造大玻璃的质感。

（4）刻画风挡上街道建筑的投影，调整细节与
整体的关系。

C-16 快递车

建
筑
美
术
基
础
素
描
（
第
2
版
）

（1）快递三轮车稍显复杂，但是也要用几何体
的观察方法分析它。

（2）添加细节。

建筑美术基础素描（第2版）

（3）从局部开始刻画细节。

（4）调整大的体积关系、虚实关系、细节与整
体的关系。

C-17　人物后背

（1）人，尤其在建筑画表现中，会比较夸张，比例一般是九头身。基本比例是身三头，大腿小腿各两头，足一头，大臂小臂共三头。先画动态线。

（2）依次画胸、臀、腿、足、头、臂、手、衣物。

建筑美术基础素描（第2版）

（3）区分明暗面，强调明暗交界线。

（4）调整完成。

建筑美术基础素描（第2版）

C-18 人物正面

（1）先画动态线，依次画胸、臀、腿、足、
头、臂、手、衣物。

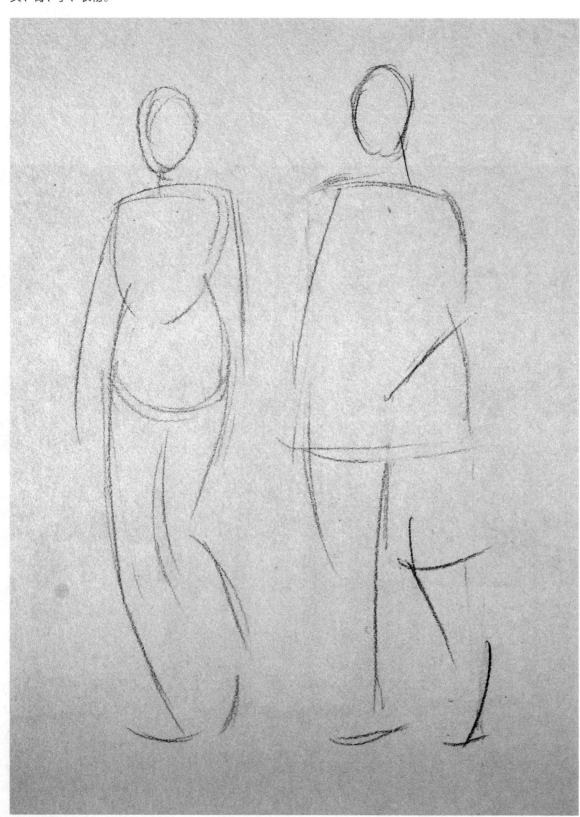

建筑美术基础素描（第2版）

（2）从左边的人物入手，画的差不多后，可作
为右边人物的参照。

（3）区分明暗面，强调明暗交界线。

建筑美术基础素描（第2版）

（4）强调大结构，大感觉，调整完成。

C-19 人物侧面

（1）先画一个人，从动态线入手，依次画胸、
臀、腿、足、头、臂、手、衣物。

（2）作为参照，再画另外两个人物。

建筑美术基础素描（第2版）

（3）区分明暗面，强调明暗交界线，逐一完成。

（4）强化大结构，大感觉。

建筑美术基础素描（第2版）

C-20 建筑

　　风景中的建筑一般被概括成几何体来处理，如长方体、柱体、球体、锥体、多面综合体等。塑造手法可回顾前面讲述的几何体画法。

（1）分析建筑的形体。这栋建筑的几何特征很明
显，由半球体、八棱柱、三棱体、长方体、圆柱体组
成。然后勾画出轮廓，重要的是比例与透视要准确。

（2）根据光照的次序涂上明暗光影，基本要有

黑、白、灰三个层次。

（3）用笔时要注意长线条与短线条的搭配和节奏，用短而紧凑的线条塑造细节，用长而松的线条塑造衬景来渲染气氛。

建筑美术基础素描（第2版）

（4）树是第一个层次，要暗；建筑大门是第二个层次，要亮，是重点，要刻画细节；穹顶、房脊和远树是第三个层次，要灰，要轻淡轻松地处理。

（5）最后调整黑白灰，保留第一感受，用笔要潇洒肯定，不能过多地追求细节，如需要建筑细节应单独描绘记录。

C-21　清华胜因院

（1）胜因院，美国乡村风格小别墅群，体量比较小，造型结构明确，适合初学者练习。先概括画出几何形状。

（2）由于室外光线变化快，应尽快画出影子的位置。

建筑美术基础素描（第2版）

（3）然后，从左向右画。

（4）事先预想好完整画面，尽量一遍画完。

（5）暗衬托亮，虚衬托实，营造出视觉重心，
把握秩序与节奏。

C-22 亭子

（1）亭，有顶无墙，供休息用的建筑物，多建筑在路旁或花园里。先概括画出几何形状，然后添加细节，这里有意把柱子加粗，隐去了亭子里的钟。

（2）从左向右画。

（3）光线过于明亮，亮部虚一些暗部实一些，
把握虚—实—虚—实的节奏。

（4）暗衬托亮，虚衬托实，营造出古老沧桑又
生机盎然的意境。

建筑美术基础素描（第2版）

C-23 石桥

建筑美术基础素描（第2版）

（1）桥，是园林景观中的重要组成部分，造型别致，既承担交通功能，又起到园林景观中点缀之用。这是一座石拱桥，位于朱自清先生在《荷塘月色》中描述的近春园荒岛——荷塘，小巧精致，概括画出轮廓。

（2）桥的细节较多，要耐心画出，然后再做取舍。

C 风景素描

（3）从左边画起，树把桥衬托了出来。

建筑美术基础素描（第2版）

（4）把握暗—亮—暗—亮的节奏。

（5）虚实相生，简洁明快，注重画意。

建筑美术基础素描（第2版）

C-24　清华学堂

（1）清华学堂曾为建筑系专用系馆，具有德国

古典风格。先概括画出几何轮廓。

建筑美术基础素描（第2版）

（2）然后画前面的树，再画后面的建筑。

（3）注意虚实相生的关系。

建筑美术基础素描（第2版）

（4）人物点缀，调整画面。

C-25 街景

建筑美术基础素描（第2版）

（1）现代建筑多为玻璃幕墙方盒子结构，勾画
出建筑、行道树、车辆的轮廓位置。

（2）画出建筑结构等细节。

建筑美术基础素描（第2版）

（3）由于地面反射的缘故，建筑上重下轻，上
部体积感强，下部体积感偏弱，画出建筑的暗面以及
建筑在上的镜像。

（4）接下来画行道树，注意团块的体积感。

建筑美术基础素描（第2版）

（5）画行驶的车辆，整个画面由上至下形成暗—亮—暗—亮的节奏。

C-26 鉴赏：部分风景素描

建筑美术基础素描（第2版）

建筑美术基础素描（第2版）

建筑美术基础素描（第2版）

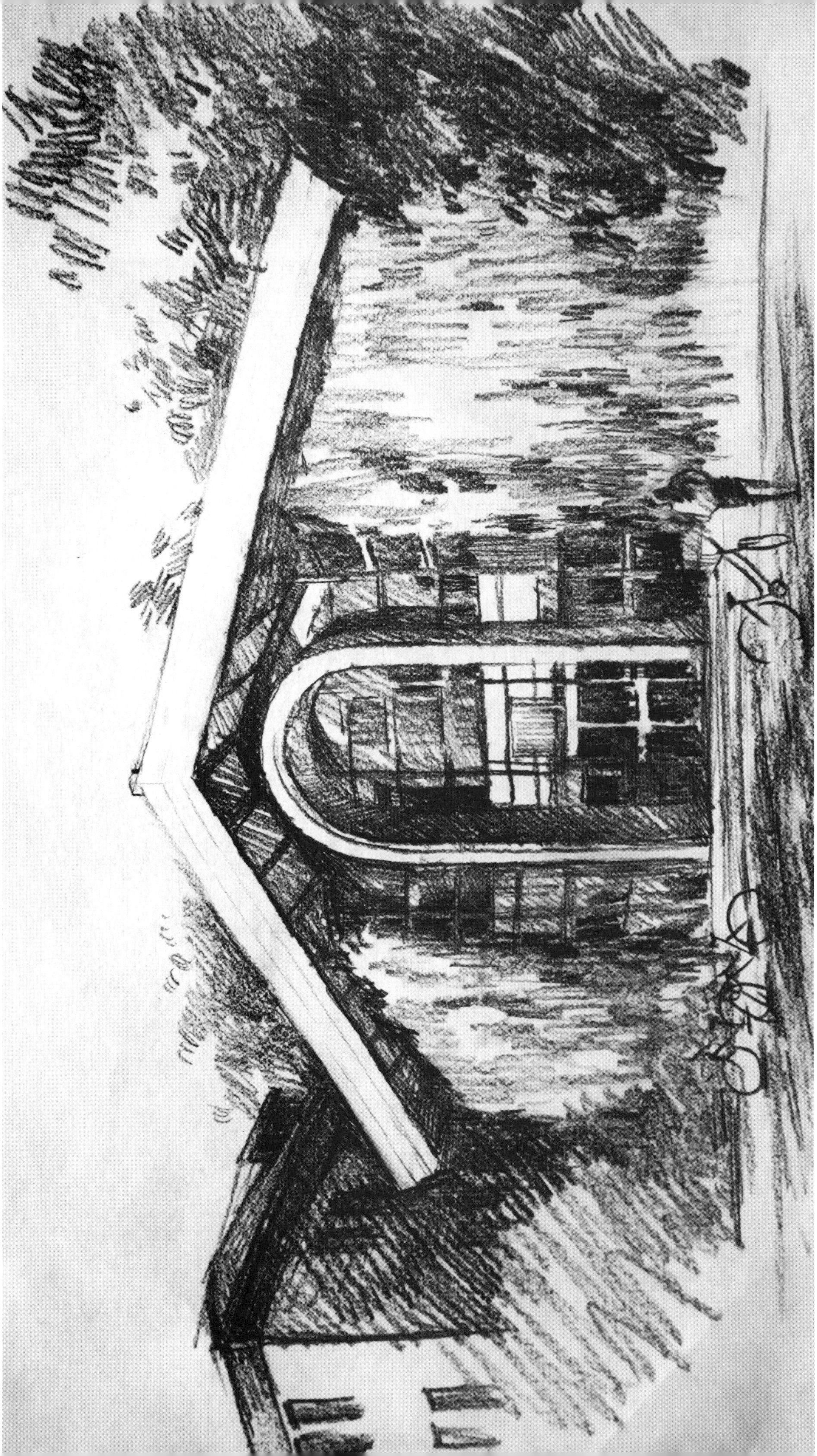

建筑美术基础素描（第2版）

C-27 鉴赏：
清华大学建筑学院本科生课程作业

商宇航 A21
2012010030
2013. 8. 29
@东交民巷

马生子粉房珊瑚街 2013.8.30. 建二3班 苏玮 (2012010065)

2016010003
孙蓝北   《津科楼》

法国印政局
2017.9.1

2015012283 王

建
筑
美
术
基
础
素
描
（
第
2
版
）

圆明园黄花阵

2015.8.25 董妹辰

201401000?

规划 6　李楷
201601005S　2017.9.1

建
筑
美
术
基
础
素
描
（
第
2
版
）

近春园 2016.8.28
董林辰.
2014010003

建筑美术基础素描（第2版）

建筑美术基础素描（第2版）

李游培
2007.9.1.
东四三条
2016010087

建筑美术基础素描（第2版）

王纪超

2018. 5. 25

2017010017

结语

经过这些学习，相信你的素描一定画得不错了，绘画之路并不难，掌握一定的技巧与科学体系，多学多练就可以不断提高绘画水平。从构图来说，要适中饱满。以塑造来说，就是前强后弱，前实后虚，亮实暗虚。空间体积是重要的，至于使用排线还是涂抹等表现手段是次要的。这些是传统意义上的素描表现技法。除此之外还有很多表现技法，艺术是多元化的，"百花齐放，百家争鸣"，理性与感性的表现同等重要。了解虚实相生的道理，局部与整体的关系。由此及彼，"道可道，非常道"，大的道理都是相通的。画好基础素描，为以后的速写、色彩风景打下坚实基础。同学们要想画好素描就要多看名作、多思考、多临摹、多练习，增加自己的修养。艺术随身相伴，便受益终生。